Die Tiger von Ranthambhore

Die Tiger von Ranthambhore

BINA KAK

Mit einem Vorwort des
DALAI LAMA

GERSTENBERG

Die Festung Ranthambhore erhebt sich über dem ruhigen See Padam Talao.

*Nahaufnahme der heranwachsenden Jungtiere der
Tigerin Krishna auf einem Streifzug durch die Wildnis*

Widmung

Ich widme dieses Buch meinen Enkeln Kabir und Jawahar, die zu den Hoffnungsträgern der nächsten Generation gehören. Ich hoffe von ganzem Herzen, dass sie zu empathischen und mitfühlenden Männern heranwachsen, dass sie mit der Umwelt liebevoll und achtsam umgehen und sich für ihren Schutz einsetzen. Wie Theodore Roosevelt es einmal so wunderbar sagte:

»Dies ist dein Land. Bewahre die Wunder seiner Natur, schütze seine natürlichen Ressourcen, halte seine Geschichte und Anmut als ein göttliches Erbe in Ehren – für deine Kinder und Kindeskinder. Lass es nicht zu, dass Egoismus und Geldgier dein Land seiner Schönheit, seines Reichtums und seiner Romantik berauben.«

Zwei junge Tiger in ihrem Versteck

Inhalt

Vorwort von seiner Heiligkeit dem Dalai Lama / 13
Danksagung / 15
Einleitung von Mike Pandey / 19

Wälder, Wildtiere und Menschen / 25
Noor und Sultan – die Jägerin und ihr junger Prinz / 37
Machli – die große alte Tigerdame / 75
Sundari – die Schöne / 89
Husn-ara und ihre Familie / 123
Krishna – die Nomadin / 133
Tigermütter und Co. / 165

Dieser Banyanbaum im Tigerreservat von Ranthambhore ist vermutlich über 300 Jahre alt.

Autorin Bina Kak, zusammen mit Seiner Heiligkeit dem Dalai Lama

THE DALAI LAMA

Vorwort

Als ich in jungen Jahren die Lehren des Buddhismus studierte, wurde mir beigebracht, wie wichtig es ist, der Umwelt mit Achtsamkeit zu begegnen. In meiner Jugend waren mein Heimatland Tibet und ein Großteil Asiens ein Paradies für Wildtiere. Während meiner dreimonatigen Reise durch Tibet von meinem Geburtsort Taktser nach Lhasa, wo ich formell zum Dalai Lama erklärt wurde, war ich von den wild lebenden Tieren, die uns auf unserem Weg begegneten, tief berührt.

Wir betrachten Tiere in freier Wildbahn stets als ein Symbol der Freiheit. Sie sind frei und nichts hält sie in Schranken. Ohne sie wäre selbst die schönste aller Landschaften unvollkommen. Das Land, das der Gegenwart der Wildtiere seine Anmut verdankt, wäre ohne sie leer. Leider ist das vielfältige Tierleben, das einst unseren Kontinent bewohnte, verschwunden. Sei es, weil die Tiere gejagt werden, sei es, weil ihre Lebensräume zerstört worden sind. Inzwischen ist nur noch ein kleiner Teil davon übrig. Deshalb fordere ich bei jeder Gelegenheit eindringlich, bei all unserem Handeln die Auswirkungen auf die Umwelt abzuwägen. Wir verfügen über die Mittel, unsere Umwelt und die Tiere, mit denen wir sie teilen, zu schützen. Und ich bin überzeugt davon, dass es in unserer dringenden Verantwortung liegt, diese zu nutzen.

Als der Autorin dieses Buches, Frau Bina Kak, Ministerin für Kunst, Kultur und Tourismus, das Forst- und Umweltministerium im Bundesstaat Rajasthan übertragen wurde, kam sie zum ersten Mal mit Tigern in Berührung. Sie war von dieser Erfahrung ebenso bewegt wie ich, als ich die Tiere als Kind in freier Wildbahn zu Gesicht bekam. Veranlasst durch diese Erlebnisse begann sie, die Tiger von Ranthambhore zu beobachten, zu studieren, zu fotografieren und zu dokumentieren. Ergebnis dieser Arbeit ist dieses herrliche Buch, in dem Tiger nicht als angsteinflößende Kreaturen erscheinen, sondern als Individuen und Familien mit Geschichten und Beziehungen, die unserer Wertschätzung und Bewunderung wert sind. Ich bin mir sicher, dass dieses Buch mit seinen berührenden Geschichten und lebhaften Fotografien den Lesern große Freude bereiten wird.

Machli, die am meisten fotografierte Tigerin von Ranthambhore, hat in ihrem fast 20-jährigen Leben neun Junge aufgezogen. Ihre Nachkommen sorgen heute sowohl im Sariska-Nationalpark als auch in Ranthambhore für neues Leben.

Danksagung

Die Kreaturen, die diesen Planeten bevölkern – seien es Menschen oder Tiere – tragen alle auf ihre besondere Art zur Schönheit und zum Wohlergehen der Welt bei.

Seine Heiligkeit der Dalai Lama

Ich fühle mich geehrt und glücklich, den Segen seiner Heiligkeit des Dalai Lama erhalten zu haben, der dieses Buch mit seinem Vorwort gewürdigt hat.

Herrn Ashok Gehlot, dem ehemaligen Regierungschef von Rajasthan, danke ich, dass er mir das wichtige Forst- und Umweltministerium anvertraut hat. Eine Verantwortung, aus der sich meine Leidenschaft für den Tierschutz ergeben hat.

Viele Menschen in meinem Leben haben zu meiner persönlichen Entwicklung beigetragen und mein Interesse an der Fotografie und der Tierwelt geweckt, der dieses Buch gewidmet ist. Ich möchte jedem einzelnen dafür danken.

Ich danke meiner Schwester Kamla Bhasin – meine Mentorin und mein Vorbild – dafür, mir in allen Lebenslagen zur Seite gestanden und mich in allen Aspekten meines Lebens und bei diesem Buch unterstützt zu haben.

Meine Familie war immer mein größter Rückhalt und meine Kinder Ankur, Amrita, Milan und Riju Jhunjhunwala haben meine Exkursionen stets geduldig und liebevoll unterstützt. Für ihr Verständnis bin ich ihnen sehr dankbar.

Von Herzen danke ich Herrn Salahuddin Ahmad vom indischen Verwaltungsdienst (IAS) für seine Unterstützung.

Mein Dank gilt auch Mike Pandey, Filmemacher und Fotograf, der mir stets mit Anregung und Kritik zur Seite stand. Alles, was ich heute über Kameras, Objektive und Fotografie weiß, habe ich ihm zu verdanken. Der Funke der Begeisterung ist auf mich übergesprungen und hat mich veranlasst, dieses Buch zu schreiben.

Ich danke Balendu Singh, der mich über viele Jahre hinweg unermüdlich bei meinen Streifzügen in den Wäldern begleitet hat, und seiner Mutter, Mama Dev Kanwar, die sich rührend um mich gekümmert und mich großzügig bewirtet hat. Ebenfalls danke ich Desh Bandhu Vaid, der stets für mich da war, wenn ich seine Unterstützung brauchte.

Mein Dank gilt auch dem inzwischen verstorbenen Naturschützer Fateh Singh – genannt »Tiger Man« – und Avani Ben dafür, dass sie mir eine Unterkunft boten und mir die verschiedenen Gebiete des Ranthambhore-Nationalparks näherbrachten, in denen ich meine Liebe zur Tierwelt entdeckte.

Außerdem danke ich den sachkundigen Mitarbeitern des Forstministeriums, insbesondere dem Fahrer Ranjit Singh. Dank seines breit gefächerten Wissens über das Verhalten der Tiere sowie seiner enormen Intuition wurde unsere spannende Spurensuche stets mit großartigen Sichtungen belohnt. Auch den Fahrern Abhay Singh und Manoj möchte ich danken.

Ich danke auch den Forstbeamten, Herrn R. G. Soni, Herrn A. S. Brar, Herrn Y. K. Sahu, Herrn Rahul Bhatnagar, Herrn Sudarshan Sharma, den Rangern Sanjeev Sharma und Herrn Kala sowie den Waldhütern Gaffar Khan, Panchu Ram, Chittar, Ram Karan, Kailash, Dharam Singh und Babu.

Yusuf Ahmed Ansari danke ich für seine wertvollen Textbeiträge und sein Lektorat, Archna Singh für ihre Hilfe beim Finalisieren der Texte und Fotos.

Zu guter Letzt danke ich den engagierten Führern und Besuchern von Ranthambhore. Ohne sie wäre über die Hälfte der Sichtungen niemals bekannt geworden. Zugleich danke ich allen Dorfbewohnern und Arbeitern in der Gegend von Ranthambhore, die im Einklang mit den Tieren und dem Wald leben. Ihnen haben wir es zu verdanken, dass das Reservat und seine Tiger weiterhin gedeihen.

Der Chital oder Axishirsch zählt zu den häufigsten Huftieren in Ranthambhore und Rajasthan.

Einleitung

MIKE PANDEY

Bina Kak hat mit ihrer Kamera magische und starke Momente festgehalten, die darüber hinaus zum Nachdenken anregen. Die Tiger – als Wächter über Ranthambhore – stehen für alles, was ein Ökosystem ausmacht. Ich habe Bina auf ihrem Weg begleitet und ich glaube, dass dieses Buch die Bewohner der Wildnis in einem neuen Licht präsentiert, das uns allen zu einer neuen Sichtweise verhelfen kann.

Die Erde, unsere einzige Heimat, erlebt schwierige und turbulente Zeiten, wenn nicht gar die größte Zerstörung in ihrer viereinhalb Milliarden Jahre langen Geschichte. Menschliche Eingriffe haben die Erde für immer verändert. Der rücksichtslose »Fortschritt« hat das fragile Gleichgewicht, das das Leben auf der Erde seit Jahrmillionen dauerhaft möglich macht, aus der Bahn geworfen. Es ist von absoluter Notwendigkeit, dieses Gleichgewicht wiederherzustellen. Und wir Menschen sind die einzige Spezies auf unserem Planeten, die über die nötige Intelligenz verfügt, den Schaden wiedergutzumachen. Bina Kaks Buch »Die Tiger von Ranthambhore« erscheint in dieser schwierigen Zeit, die viele belastet, die sich mit der Zukunft der Wildtiere, der Natur und der Umwelt beschäftigen, wie ein Hoffnungsschimmer.

Ich erinnere mich an meine erste Begegnung mit Bina, als sie gerade das Amt der Ministerin für Umwelt und Forstwirtschaft von Rajasthan übernommen hatte. Ihre Antrittsrede, in der sie von ihrer Vision und ihren Zielen für die Wildtiere Rajasthans – allen voran für die Tiger von Ranthambhore – sprach, hat die Herzen vieler Menschen berührt.

Dieses Buch ist Ausdruck der Hingabe und Beharrlichkeit, mit der Bina das Leben der Tigerfamilien in der Wildnis dokumentiert hat. Die Fotos spiegeln die Leidenschaft wider, mit der sie diese erstaunlichen Begegnungen festgehalten hat. Sie

Gegenüber: Der Tiger Sultan streift am Jeep der Autorin vorüber. Ranthambhore zählt zu den weltweit besten Orten, um wilde Tiger zu beobachten.

sind ebenso Inspiration wie Motivation. Binas Liebe zum Detail und ihre Fähigkeit, »magische Momente« einzufangen, machen ihre Fotos so besonders. Dank ihres einzigartigen Instinkts und glücklichen Gespürs war sie stets nah am Geschehen, wenn die Natur ihr faszinierendes Schauspiel präsentierte. Egal, wohin sie ihre Inspektionen des Waldgebiets führten, die Tiger schienen überall aufzutauchen. Jemand sagte einmal scherzhaft, nicht Bina würde die Tiger entdecken, sondern die Tiger kämen, um einen Blick auf sie zu werfen.

Das Buch »Die Tiger von Ranthambhore« ist eine Sammlung von Begegnungen mit Tigern in freier Wildbahn – den Tieren, deren Schutz, Dokumentation und Fotografie sich Bina verschrieben hat. Ihre Leichtigkeit im Umgang mit Elektronik und Technik und ihr Geschick beim Einsatz von Spezialkameras und schweren Objektiven hat mich tief beeindruckt. Sie ist ein Naturtalent, und die Kamera ist zu einer Verlängerung ihres Körpers geworden. Es dauerte lange, bis ich sie davon überzeugen konnte, ihre Erlebnisse und Momente in der Wildnis mit anderen zu teilen. Schließlich ließ sie sich jedoch dazu überreden, ein Buch zu schreiben und die Menschen so an ihren Erkundungen und Beobachtungen teilhaben zu lassen. Jedes Foto erzählt dabei eine eigene Geschichte und vermittelt einen Einblick in das Leben der gefährdetsten Raubtiere Indiens, die im Nationalpark einen geschützten Lebensraum gefunden haben. Es ist das Ergebnis von viel Engagement und Hingabe und eines ernst gemeinten Interesses. So gab es während ihrer Amtszeit als Ministerin keinerlei Berichte über Wilderer oder andere ungebetene Eingriffe. Allein die Tatsache, dass das Gebiet jederzeit unerwartet kontrolliert werden konnte, sorgte dafür, dass die Menschen auf der Hut und die Tiger in Sicherheit waren.

Die Kamera wurde in Binas Hand zu einem vielseitigen Werkzeug und war ihr bei ihrer täglichen Arbeit nützlich. So half sie ihr z. B. einmal dabei, eine Wurminfektion bei einem Tiger zu entdecken. Als sie die verletzte Tigerin sah, sagte man ihr, es

handle sich dabei nur um kleinere Blessuren. Davon nicht überzeugt, fotografierte Bina das Tier. Als sie die Bilder vergrößerte, erkannte sie Maden in einer Fleischwunde an der Schwanzwurzel der Tigerin. Sie leitete sofort die entsprechenden Maßnahmen ein: Tierärzte wurden kontaktiert, das Tier wurde ruhiggestellt und die Maden wurden entfernt. Ihr Instinkt und ihre Hartnäckigkeit hatten sich bezahlt gemacht. Ein weiteres Beispiel hierfür ist die Umsiedlung von Tigerjungen in das Reservat des Sariska-Nationalparks. Ich erinnere mich noch, wie sie mit tränenerstickter Stimme sagte: »So herzzerreißend es auch sein mag, aber die Umsiedlung wird den Tigerjungen eine Überlebenschance bieten.«

Bina ist seit ihrer Kindheit eine große Tierfreundin, und dieses Buch spiegelt ihre Liebe zur Natur und ihren Geschöpfen wider. Nur selten sieht man, dass Politiker mit solch einem Engagement selbst Hand anlegen und ständig bei der Sache sind. Von den Salzpfannen des Sambhar-Sees über die schroffen Berge von Kumbalgarh bis hin zur Nagaur-Ebene hat Bina alle Naturräume dokumentiert. Auch die Anlage eines knapp 400 Quadratkilometer großen Waldgebiets bei Ranthambhore ist das Ergebnis ihrer harten Arbeit und tagelanger Fahrten zur Erkundung des Gebiets. Menschen mit einer solchen Hingabe und Leidenschaft werden dringend benötigt, um unsere gefährdete Umwelt neu zu beleben und wiederherzustellen. Anschauungsmaterialien sind dabei ein probates Mittel und spielen eine wichtige Rolle, um Veränderungen herbeizuführen. Und so wird dieses Buch hoffentlich viele Menschen inspirieren und motivieren, selbst aktiv zu werden und Verantwortung zu übernehmen. Unsere Welt braucht Entscheidungsträger und Handelnde, die Positives bewirken. Zum Wohle unserer Zukunft müssen wir alle unsere Kräfte vereinen. Dieses Buch ist ein erster Schritt auf unserer Reise, die gerade erst begonnen hat, und ein kleiner Vorspann unserer Erfolgsgeschichte. Weitere Kapitel dieser Geschichte werden, so hoffe ich, in Zukunft noch folgen.

Störche, Reiher und Axishirsche am Rajbagh-Talao-See, eine der bekanntesten Gegenden Ranthambhores

KAPITEL EINS

Wälder, Wildtiere und Menschen

Gegenüber: Die Tiger von Ranthambhore gehören zu den faszinierendsten Lebewesen der Welt. Die hier abgedruckten Bilder sind der Erinnerung an diese schönen Tiere gewidmet und erzählen von ihren Beziehungen und Familien.

Einen Großteil meines Lebens habe ich mich kaum für Wildtiere interessiert und als Politikerin hatte ich weder praktische Erfahrungen in der Forstwirtschaft noch im Umweltschutz. Daher war ich überrascht, als mich im Jahr 2001, als ich Ministerin für Tourismus, Kunst und Kultur der Regierung Rajasthans war, der damalige Regierungschef Ashok Gehlot bat, als zusätzliches Ressort die Abteilung Umwelt und Forstwirtschaft zu übernehmen.

Obwohl ich keine Erfahrung in diesem Bereich hatte, reizten mich an der Aufgabe besonders die Bezugspunkte zwischen Tierwelt und Tourismus. Ich fand es spannend, mit Hilfe des Tourismus die öffentliche Wahrnehmung unserer Naturschutzgebiete und Nationalparks zu verbessern. Und so trat ich 2001 eine wunderbare Reise an. Ich begann, mich über unsere Wälder, die hier lebenden Tiere und die sie beherbergenden und erhaltenden Ökosysteme umfassend zu informieren. Damals konnte ich nicht ahnen, dass dieses Amt einmal zu einer Leidenschaft werden würde. Selbst als meine Partei, der Indian National Congress, zwischen 2003 und 2009 nicht an der Macht war und ich kein Ministeramt bekleidete, verpasste ich keine Gelegenheit, die Reservate in Rajasthan und anderen Gegenden Indiens zu besuchen, mein Wissen zu erweitern und mich mit der Wildnis vertraut zu machen. Diese neue Welt übte auf mich eine große Faszination aus, da sie mich die Zusammenhänge der Natur und die wechselseitige Abhängigkeit aller Lebewesen besser verstehen ließ.

Zum ersten Mal in meinen Leben veranlasste mich der Wunsch, die Nähe wilder Tiere zu suchen und meine Beobachtungen mit anderen zu teilen, einen Fotoapparat in die Hand zu nehmen. Von da an verbrachte ich immer mehr Zeit in der freien Natur.

Ich hatte das Glück, auf Menschen zu treffen, die mich als Lehrer auf meinem Weg begleiteten. Zu ihnen zählen erfahrene Forstbeamte und Waldhüter, aber auch umweltbewusste Touristenführer und Hoteliers, die ihre Arbeit nicht nur als reinen Lebensunterhalt sehen, sondern als eine Leidenschaft betrachten. Viele Waldhüter, die kaum lesen und schreiben können, verfügen über eine erstaunliche Kenntnis der Gewohnheiten und Lebensräume der Tiere, ihrer Geräusche, Gerüche und Spuren. Über die Tiger sprechen sie oftmals wie andere über Menschen, über enge Freunde oder Verwandte.

Die Betreuung unserer Schutzgebiete bedarf eines ausgedehnten Netzwerks von Menschen und Institutionen. Während ich immer tiefer in die vielschichtigen Aspekte der Wildbewirtschaftung eintauchte, wurde mir bewusst, wie kompliziert und komplex das Thema »Umweltschutz« ist. Umweltbewusste Politiker, Planer, Forst- und Wildtierexperten, Teams von Waldhütern und Tierärzten sind nur eine Seite der organisatorischen Arbeit. Eine weitere sind Journalisten, Autoren, Fotografen, Filmemacher, Touristenführer und Hoteliers, die das öffentliche Augenmerk auf die Bedeutung der Wälder, Wildtiere und Biodiversität richten und das Bewusstsein für den Umweltschutz schärfen. Wichtig ist auch die Einbeziehung der Menschen, die in den Wäldern und in der Umgebung der Schutzgebiete leben. Ihre Unterstützung und ihre Mitarbeit sind für den Naturschutz von großer Bedeutung.

Die verschiedenen Schutzgebiete unterscheiden sich in Bezug auf die darin lebenden Arten. Sie alle haben ihre spezifischen Anforderungen, die individueller Lösungen bedürfen. Manchmal stehen die Bedürfnisse von Mensch und Tier im Widerspruch zueinander. Panther und Tiger können Menschen, die ihren Lebensraum besiedeln, töten und den Viehbestand, eine bedeutende Einnahmequelle der dort lebenden Gemeinschaften, dezimieren. Die Feindseligkeit gegenüber den Tieren verursacht wiederum eine irreversible Schädigung des Wildtierbestands. Durch die wachsende Landwirtschaft und Bevölkerung ist zudem die Nachfrage nach Brennstoffen und Viehfutter gestiegen, was zu einer chronischen Ausbeutung der Wälder geführt hat. Verschärft hat sich die Situation durch Überweidung, illegalen Bergbau, Abholzung und Wilderei – sowohl zu gewerblichen Zwecken als auch zur Nahrungsbeschaffung. All diese widerstreitenden Interessen müssen in Einklang gebracht werden. Um befriedigende Lösungen zu finden, müssen Politiker und Bürokraten, örtliche Gemeinschaften und Unternehmer zusammenarbeiten. Während wir Menschen unsere Interessen durch Wahlen und politische Vertreter wahrnehmen können, setzt sich für

Gegenüber: Nur wenige Anblicke in der freien Natur sind so faszinierend wie der eines wilden Tigers in seiner natürlichen Umgebung.

Gegenüber: Ein Storchschnabelliest, die seltenste der vier Eisvogelarten in Ranthambhore

die Wälder und ihre Bewohner meist niemand ein. Durch wegweisende Gesetze und Programme zum Schutz der Wildtiere ist es uns jedoch gelungen, Naturräume zu schützen und zu bewahren, die Wildtieren einen Lebensraum bieten. Damit sie die Zukunft überdauern, bedürfen sie jedoch größerer Anstrengungen. Dies erfordert verständnisvolle Gespräche und Verhandlungen, Geld zur Finanzierung der politischen Entscheidungen sowie Entschädigungen. Inspiration auf diesem Weg erhielt ich durch Entscheidungsträger wie Indira Gandhi, die Anfang der 1970er-Jahre das Artenschutzprogramm »Project Tiger« ins Leben gerufen und eindringlich zum Umweltschutz gemahnt hat. Ebenso inspirierend war Rajiv Gandhis Liebe zu den Wildtieren, die deutlich in seinen Fotos von Orten wie Ranthambhore zum Ausdruck kam und dem Nationalpark zu internationalem Ansehen und Anerkennung verhalf. Eine verständnisvolle und interessierte Ansprechpartnerin fand ich während meiner Amtszeit als Forst- und Umweltministerin von Rajasthan stets in Sonia Gandhi. Sie hatte für mich immer ein offenes Ohr und unterstützte mich vor allem in politischen Angelegenheiten. Dazu gehörten die Einrichtung von Tigerkorridoren, Pläne für die Umsiedlung von Dörfern aus bedrohten Lebensräumen und die Beschaffung von Arbeitsplätzen für die in der Umgebung der Nationalparks lebenden Gemeinschaften. Sie unterstützte mich auch bei der Einrichtung eines neuen Tigerreservats in den Mukundra Hills und des Kumbalgarh-Nationalparks und setzte sich für die Menschen ein, die ihren Lebensraum mit den Wildtieren teilten. Vor allem aber bin ich ihr dankbar, mir das Ministerium übertragen zu haben.

Was mir während meiner Amtszeit besonders am Herzen lag, war die Situation der Waldhüter, die in puncto Umweltschutz an vorderster Front stehen. Sie sind – oftmals zu Fuß – Tag und Nacht in den Wäldern unterwegs und müssen dabei stets mit Angriffen durch Wilderer oder wilde Tiere rechnen. Da sie dabei in der Regel höchstens mit einem Schlagstock bewaffnet waren, wurden sie während meiner Amtszeit mit einer angemessenen Schutzbekleidung und -ausrüstung ausgestattet. Zur Entlastung der Forstbeamten, die oft rund um die Uhr arbeiteten, wurden zudem freie Stellen neu besetzt. In Jaipur und Sawai Madhopur wurden Schulungszentren eingerichtet, um unseren Waldhütern die bestmögliche Ausbildung zu bieten. Mitarbeiter, die während ihrer Amtsausübung zu Schaden kamen, erhielten eine zeitweilige Entschädigung und familiäre Versorgung. So konnte ich mir am Ende meiner letzten Amtszeit als Ministerin zumindest sicher sein, mein Möglichstes zum Wohlergehen der Waldhüter beigetragen zu haben, auch wenn der Schutz der Wildtiere in unserem politischen System nicht den höchsten Stellenwert genießt. Dennoch findet man immer etwas, das man noch hätte tun können.

Eine der Diskussionen, die während meiner letzten Amtszeit geführt wurde, war das Thema »Tourismus und seine Auswirkungen auf die Wildtiere«. Zwar können Besucher das Leben der Wildtiere beeinträchtigen, andererseits hat der Tourismus auch seine nützlichen Seiten. So entwickeln Touristen, die die Reservate besuchen, ein besseres Verständnis für Ökologie, Ökosysteme und die Bedeutung des Naturschutzes. Auch Hoteliers, Touristenführer, Ladenbesitzer und andere Unternehmer haben nicht nur ein wirtschaftliches Interesse an Wildtieren, sondern gleichzeitig auch am Schutz ihrer Umwelt. Die wirtschaftlichen Interessen müssen jedoch mit den Anforderungen eines verantwortungsvollen Tourismus in Einklang gebracht werden. Daher haben wir erfolgreich eine ausgewogene Ökotourismuspolitik für Rajasthan auf den Weg gebracht, die dem Tourismussektor mehr Verantwortung überträgt und auch das Forst- und Umweltministerium stärker in die Pflicht nimmt.

Tierwelt und Umweltschutz lassen sich nicht getrennt vom Wohlergehen der Menschen betrachten, die in der Umgebung der Reservate leben. Die Bewohner der Gemeinschaften, die in den Wäldern oder in deren Umgebung leben, sind seit Jahrtausenden in vielerlei Hinsicht von diesem Lebens- und Wirtschaftsraum abhängig. Die Wälder bieten Futter für die Nutztiere, versorgen die Menschen mit Brennstoff, Medizin und Nahrung, und der

Rechts und gegenüber: Die Leoparden von Ranthambhore leben – aus Angst vor ihren größeren Verwandten – in den Hügeln und Felsen des Reservats oder an dessen Peripherie und lassen sich daher eher selten blicken.

Rohrkatzen sind in Ranthambhore häufig, selten aber liegen sie so entspannt da wie dieses Exemplar.

Die Bengalischen Hanuman-Languren sind die am häufigsten vorkommende Primatenart in den Wäldern von Ranthambhore.

Gegenüber: Ustad, ein männlicher Bengalischer Königstiger. Diese Art zählt zu den eindrucksvollsten Großkatzen. Nur die sibirische Unterart ist noch größer. Ein männliches Tier wie dieses kann ein Gewicht von bis zu 300 Kilogramm erreichen.

Verkauf der Erzeugnisse, die der Wald hervorbringt, sichert den Lebensunterhalt seiner Bewohner. Eine Lösungsmöglichkeit besteht darin, die Abhängigkeit der betreffenden Gemeinschaften vom Wald und seinen Erzeugnissen zu verringern. So können z. B. höhere Arbeitslöhne und Verkaufspreise sowie ein effizienterer Transport der in den Dörfern erzeugten Waren das Ökosystem Wald entlasten. Eine einfache Maßnahme wie die Einführung von Gaskochern in Privathaushalten kann in den betroffenen Gegenden die Nutzung von Brennholz reduzieren. Und durch ein gemeinsames Programm von Bildungs- und Gesundheitseinrichtungen, eine verbesserte tierärztliche Versorgung und breit gefächerte Ausbildungsmöglichkeiten bietet man der nächsten Generation eine Alternative zu den traditionellen Beschäftigungsmöglichkeiten, die unsere Wälder belasten.

Dieses Buch befasst sich in erster Linie mit Ranthambhore und einigen der dort lebenden Tiger. Ranthambhore liegt auf etwa 350 Meter Höhe inmitten der Berge von Aravalli und Vindhya. Der Trockenwald mit seinen vielen Laubbäumen und Dornengewächsen beherbergt eine vielfältige Flora und Fauna. Der knapp 1400 Quadratkilometer große Ranthambhore-Nationalpark mit seinem Tigerreservat zählt zu den weltweit besten Orten für Wildtierbeobachtungen. Dieses Buch beschreibt meine Erkundungstouren durch den Nationalpark und die Begegnung mit einigen der faszinierendsten Geschöpfe der Natur.

Jedem, der die Wälder des Nationalparks besucht hat, wird für immer im Gedächtnis bleiben, auf welch einzigartige Weise hier natürliches und geschichtliches Erbe aufeinandertreffen. Wie kaum ein anderes Tier regen Tiger, gleichermaßen geliebt und gefürchtet, seit jeher die Fantasie der Menschen an. Aber die Nachfrage nach ihren Fellen, Knochen und anderen Körperteilen ist auch heute noch alarmierend hoch. Dennoch ist es den Tigern bis heute gelungen, in freier Wildbahn zu überleben. Während meiner Amtszeit und darüber hinaus habe ich mich stets für den Schutz der Tiger und ihrer gefährdeten Lebensräume eingesetzt. Schon allein die Tiger von Ranthambhore sind ein faszinierendes Studienobjekt. Von großen Männchen, die sich an der Aufzucht ihres Nachwuchses beteiligen, bis hin zu einer Tigerin, die vor ihrem späten Tod vielleicht der älteste Tiger in freier Wildbahn war, haben alle ihre individuellen Eigenschaften und Verhaltensweisen. Mein Wunsch war es, möglichst viel über jene Tiger, die ich kennengelernt habe, in diesem Buch zu erzählen.

Damit möchte ich die Tigerfamilien von Ranthambhore würdigen, die mir im Lauf der Jahre so viel Freude geschenkt haben. Ob ich nun in eisiger Kälte oder in sengender Hitze auf der Lauer lag – keine Anstrengung war zu groß, um einen Tiger in freier Wildbahn auch nur für einen kurzen Moment zu sehen. Ich hoffe, die Leser dieses Buches werden bei der Lektüre ebenso viel Freude haben wie ich, als ich es verfasste.

KAPITEL ZWEI

Noor und Sultan – die Jägerin und ihr junger Prinz

Gegenüber: Noor (rechts) und Sultan. Jungtiere bleiben die ersten beiden Lebensjahre bei der Tigerin und werden von ihr aufgezogen.

Ich werde mich immer an die Zeit erinnern, als ich Sultan als Jungtier erleben durfte. Sie zählt zu meinen intensivsten Erinnerungen an Ranthambhore und seine faszinierenden, zauberhaften Wälder. Der Name »Sultan« bedeutet so viel wie Herrscher. Viele Sultane haben in der Vergangenheit versucht, die Festung Ranthambhore zu erobern. Der berühmteste von ihnen war Sultan Ala ud-Din Khilji, dem es 1301 nach zweijähriger Belagerung gelang, das Fort einzunehmen. Der junge Tiger, den Besucher unter dem Namen »Sultan« kennen, hat seine Mutter Noor (T-39, die Tiger im Park werden alle erfasst und durchnummeriert), eine Tigerin in den besten Jahren, inzwischen verlassen. Heute ist er erwachsen und lebt im Kaila-Devi-Wildreservat, das an den Ranthambhore-Nationalpark angrenzt.

Es gibt nur wenige wild lebende Tiere, denen es gelingt, die Menschen so in ihren Bann zu ziehen, wie es Sultan getan hat. Vom Zeitpunkt, als ich Sultan als vier Monate altes Tigerjunges das erste Mal entdeckte, bis zu der Zeit, als er sich als Jungtier auf den Weg machte, um ein eigenes Revier und eine Partnerin zu finden, machte es mir stets große Freude, ihn zu beobachten.

Das erste Mal wurde er an einem sehr heißen Sommertag des Jahres 2012 in Begleitung seiner Mutter gesichtet. Obwohl er damals nicht größer als ein großer Spaniel war, nahm er Fahrzeuge ins Visier und ging bedrohlich auf sie zu, wenn sie nicht weichen wollten. Sultans Mutter Noor stammt aus einer Tigerfamilie des Sultanpur-Nationalparks und seinem Vater Ustad (T-24) eilt der Ruf eines besonders gefräßigen Raubtiers voraus. Er zählt zu den größten Tigern von Ranthambhore und Sultan scheint seinen Körperbau geerbt zu haben. Als ich Sultan das letzte Mal mit seiner Mutter sah, war er bereits wesentlich größer als sie.

Für eine Tigerin, die zum ersten Mal wirft so wie Noor damals, sind die Geburt, der Schutz und die Aufzucht der Jungen eine große Belastung. Die Tigerin muss fortwährend Futtertiere erbeuten, um sich selbst gesund zu halten und ihren Nachwuchs zu säugen. Zudem muss sie mit ihren Jungen stetig umherziehen, um zu verhindern, dass andere Raubtiere, die diese töten könnten – wie Leoparden, Hyänen und andere Tiger –, ihre Fährte aufnehmen. Zwar beschränkte sich Noors Situation auf die Aufzucht eines einzigen Jungtiers, dafür war die Aufgabe jedoch auch umso mühevoller. So musste sie Sultan einerseits die Spielkameraden ersetzen, ihm andererseits aber auch die zu seinem Überleben wichtigen Fähigkeiten vermitteln. Ein hervorragendes Beispiel dafür ist die folgende Geschichte.

An einem heißen Nachmittag suchte Noor Abkühlung in einem Wasserloch, dessen Oberfläche mit hellgrünen Algen bedeckt war. In seiner typisch geselligen und verspielten Art sprang Sultan ins Wasser, woraufhin es in Bewegung geriet. Noor, die Gegenwart eines Krokodils vermutend, sprang blitzschnell aus dem Wasser, drehte sich herum und drohte fauchend in Richtung des unsichtbaren Räubers unter der Wasseroberfläche. Gleichzeitig bedeutete sie Sultan, aus dem Wasser zu gehen, was er sofort befolgte. Wie alle Tigerjungen wusste Sultan, wann es seiner Mutter ernst war. Sobald sie sich vergewissert hatte, dass wieder alles in Ordnung war, begab sich Noor in aller Ruhe wieder ins Wasser und erlaubte Sultan, im Wasserloch herumzutollen.

Bisweilen brachte Sultan seine Mutter Noor, eine der besten Jägerinnen von Ranthambhore, mit seiner Verspieltheit um eine sicher geglaubte Beute. So sprang er bisweilen nach einer stundenlangen Beutejagd hinter einem Busch hervor oder gab seine Anwesenheit durch eine unbedachte Bewegung preis. In solchen Momenten verwandelte sich die liebevolle, sorgende und beschützende Mutter im Nu in eine strenge Erzieherin und schickte ihn erst einmal davon, um ihm zu verstehen zu geben, dass er einen Fehler gemacht hatte.

Nach einiger Zeit begann Noor, ihrem Jungen lebende Beute zu bringen. Zunächst ein junges, recht kleines Reh, später dann größere Beutetiere, um ihm das Töten der Beute beizubringen. Zudem übte und verfeinerte Sultan sein Jagdverhalten, indem er seine Mutter spielerisch attackierte, was diese bereitwillig über sich ergehen ließ. Ich konnte auch beobachten, wie Noor – und gelegentlich auch

Während Noor für die Kamera posiert, behält sie ihr verspieltes Junges wachsam im Auge.

Ustad – die Verspieltheit und andere Verhaltensmuster von Jungtieren nachahmten, damit Sultan sein Jagd- und Sozialverhalten festigen konnte.

Heute gehen Noor und Sultan getrennte Wege. Im vergangenen Winter konnte man beobachten, dass sich Noor häufig aggressiv vor ihrem Nachwuchs aufbaute, um ihn zu verjagen. Egal, mit wie viel Sorgfalt und Mühe eine Tigerin ihr Junges aufzieht – stets kommt der Zeitpunkt, an dem das Jungtier seine Mutter verlassen und seinen Kampf ums Überleben allein antreten muss. Sultan brauchte lange, bis er verstand, dass seine Mutter nicht ewig für ihn sorgen konnte und sich erneut um Nachwuchs kümmern musste. Gegen Ende ihrer

Ein Tiger unter einem Malakar-Lackbaum

Gegenüber: Das Flehmen ist eine sensorische Mimik, die Tiger oft annehmen, wenn sie die Gegenwart eines anderen Tigers, meist in Form von Markierungen, wahrnehmen.

Noor und Sultan an einem Wasserloch im Sommer. Ranthambhore verfügt über einige nie versiegende Wasserquellen, die für seine Bewohner vor allem in der Sommerhitze lebenswichtig sind.

gemeinsamen Zeit ging sie zum Schein auf ihn los, knurrte, fauchte und brüllte ihn sogar an. Sultan musste akzeptieren, dass er von nun an als halbwüchsiges Männchen auf sich allein gestellt war. Es war an der Zeit, sein eigenes Territorium und eine Partnerin zu finden und für Nachkommen zu sorgen. Er wird tun müssen, was alle Tiger tun: sich einen eigenen Lebensraum schaffen und diesen gegen andere verteidigen – gegen Menschen ebenso wie gegen andere Tiger. Seine Beziehung zu seinem Vater Ustad, in dessen Territorium er derzeit Zuflucht gefunden hat, wird von Spannungen erfüllt sein. Denn kein Tiger wird einem anderen einen Platz abtreten, nicht einmal dem eigenen Nachwuchs.

Noor hat ihrem Sohn die bestmögliche Erziehung mit auf den Weg gegeben, die eine Tigermutter ihrem Jungen vermitteln kann. Er ist zu einem Jäger geworden, weil sie ihm das Jagen beigebracht hat. Sie hat ihn gefüttert, mit ihm gespielt und ihn beschützt. Sultans Größe lässt erkennen, dass er gesund und wohlgenährt aufgewachsen ist. Doch nun muss er selbst für sich sorgen. Noor hingegen wird weiterhin das Revier durchstreifen, das sie sich gesichert hat, und ist bereit für neuen Nachwuchs. Von allen Tigern von Ranthambhore ist sie einer derjenigen, auf deren Beobachtung wir uns in den kommenden Jahren am meisten freuen. Wir hoffen, dass diese stolze, schöne Tigerin Ranthambhore noch viele Junge schenken und die Linie der Sultanpur-Tiger fortführen wird.

Noor und Sultan bei einem erfrischenden Bad

Gegenüber: Die durch das Geäst der Bäume fallenden Sonnenstrahlen erleuchten das anmutige Gesicht der jungen Tigermutter. Dem Glanz auf ihrem Fell verdankt sie ihren Namen Noor (»Licht«). Ihr Junges erhielt den Namen Sultan.

SULTAN UND DIE MANGUSTE

Bina Kak beobachtete eines Nachmittags von ihrem Jeep aus, wie Noor eine Schlankmanguste bis in ihre Höhle verfolgte. Es war ein heißer Tag und die Tigerin war gereizt. Ihr Junges, Sultan, ahmte sie nach und folgte ihr, schien sich seines Ziels dabei jedoch noch nicht genau bewusst zu sein.

Noor streckt sich am Stamm einer Dschungelpalme, genauestens beobachtet von Sultan.

Junge Tiger sind ständig aktiv und üben ihr Jagdverhalten mit ihren Geschwistern. Da Sultan keine Geschwistertiere hatte, trat Noor an deren Stelle, indem sie mit Sultan wie ein Jungtier spielte – ein faszinierender Anblick.

Noor, die beschützende Mutter, faucht ein vermeintliches Krokodil in einem Wasserloch an, in dem sie und ihr Junges baden.

Das Tigerjunge Sultan versucht sich an einer großen Beute.

Gegenüber: Sultan (links) versetzt Noor spielerisch einen Schlag. Als zweijähriger Jungtiger ist er fast so groß wie seine Mutter.

Jagd- und Überlebensinstinkt des jungen Tigers werden spielerisch eingeübt. Bina Kak gelang es, diesen spielerischen Kampf zwischen Noor und Sultan einzufangen.

SULTAN UND DER BAUM
Es ist äußerst selten, dass man einen Tiger auf einem Baum entdeckt. Bina Kak hatte das Glück zu beobachten, wie Mutter und Sohn auf den Stamm eines Malakar-Lackbaums kletterten.

Sultan auf einem felsigen Sitzplatz unter einem Feigenbaum, von wo aus er seine Umgebung beobachtet.

Noor putzt sich, während Sultan entspannt an ihrer Seite ruht.

Mit wachsamem Blick streift Sultan im Sommer durch die laubbedeckten Wiesen von Ranthambhore.

Ustad beim Verschlingen eines großen Sambar-Hirschs. Seine Fressgewohnheiten sorgten bisweilen für Belustigung, denn nachdem er fast einen ganzen Hirsch verschlungen hatte, konnte er sich tagelang kaum noch bewegen.

Gegenüber: Ustad, der heute im Naturschutzgebiet Sajjangarh lebt, ist Sultans Vater und war Noors Partner. Von mächtiger Größe und sehr behäbig, kümmerte er sich kaum um seinen Nachwuchs. Selten ging er selbst auf Beutejagd, stattdessen jagte er oftmals Noor ihre Beute ab.

Ustads Territorium überschnitt sich mit von Menschen besiedelten Gebieten. Hierzu zählten auch die Pilgerpfade der Dorfbewohner zum Trinetra-Ganesh-Tempel in der Festung von Ranthambhore. Der Tempel, der älter ist als die Festung aus dem 9. Jahrhundert n. Chr., wird von Pilgern aus ganz Indien besucht. Unbekümmert kreuzt Ustad hier den Weg von Dorfbewohnerinnen, die sich scheinbar ebenfalls von seiner Gegenwart nicht gestört fühlen.

Ranthambhore ist ein wahres Paradies für Vogelliebhaber: Hier leben über 300 Arten von einheimischen und Zugvögeln, darunter Raub- und Watvögel. Auf diesem Bild genießt ein Würger die Sonnenstrahlen.

Im Uhrzeigersinn von links oben: Schlangenweihe, Wellenbrust-Fischuhu, schwarzer Kormoran mit einem Frosch im Schnabel und Buntstörche

Ustad, ein dominantes Männchen, hat die Umgebung der Festung zu seinem Territorium erkoren. Mit Noor hat er zweimal für Nachwuchs gesorgt: Aus dem ersten Wurf stammt Sultan als einzelnes Männchen, dem zweiten entstammen die beiden Männchen Kaluha und Dholia.

KAPITEL DREI

Machli – die große alte Tigerdame

Gegenüber: Für viele war Machli – damals einer der ältesten bekannten wild lebenden Tiger weltweit und Ranthambhores am längsten regierende »Matriarchin« – ein Wahrzeichen des Parks. Sie starb im August 2016 im Alter von fast 20 Jahren.

Als der Tiger T-16, besser bekannt unter dem Namen »Machli«, vor einigen Jahren über drei Wochen verschwunden war, waren Freunde und Mitarbeiter des Nationalparks besorgt und fragten sich, was der Tigerin zugestoßen sein könnte. Es kursierten Gerüchte, denen zufolge sie von Wilderern getötet worden war. Andere befürchteten, sie könne an Altersschwäche gestorben sein. Die Besorgnis war groß. Denn Machli gehörte zu den Wahrzeichen des Nationalparks. Viele Besucher kamen eigens ins Tigerreservat, um einen kurzen Blick auf die »Matriarchin« des Nationalparks zu erhaschen. Bis zu ihrem Tod im Jahr 2016 war sie der wahrscheinlich älteste in freier Wildbahn lebende Tiger weltweit. Schätzungen zufolge hat sie in ihrem Leben bis zu neun Junge großgezogen. Ihre Nachkommen leben heute nicht nur in Ranthambhore, sondern auch im Tigerreservat Sariska. Im Folgenden möchte ich meine persönliche Erinnerung an die »große alte Dame von Ranthambhore« schildern.

Machli stammte aus einer Familie von Tigern, die über Jahrzehnte hinweg das Leben an den Seen Padam Talao, Rajbagh und Malik Talao bestimmte. In ihren besten Jahren umfasste ihr Territorium einen Großteil der Gebiete, die durch die Festung Ranthambhore sowie viele Schluchten und Gewässer geprägt werden. Machli wurde Ende der 1990er-Jahre geboren. Binnen weniger Jahre vertrieb sie ihre Mutter immer weiter aus dem ihr angestammten Seengebiet und beanspruchte das Revier für sich.

Um Machli ranken sich ebenso viele Geschichten, wie es Menschen gibt, die das Glück hatten, sie beobachten zu dürfen. Jeder, der sie einmal gesehen hat, hat eine eigene Geschichte zu erzählen. Dazu gehören z. B. ihre Begegnung mit einem großen Sumpfkrokodil am Ufer eines der Seen, die für das Krokodil tödlich endete, oder aber auch ihre Streifzüge mit ihren Jungen. Mit viel Umsicht und Geduld lehrte sie sie, selbst zu vollendeten Jägern zu werden – ein großartiges Schauspiel, dem ich selbst beiwohnen durfte.

Vor allen Dingen zeichnete Machli ihre Zähigkeit aus, der sie ihren Ruf als berühmtester Tiger Ranthambhores verdankt. Ihre ausgeprägten Überlebenskünste und die Tatsache, dass es ihr gelang, so viele Junge zur Welt zu bringen und großzuziehen, machten sie zu etwas Besonderem. Allein mit ihrem letzten Wurf schenkte sie den Nationalparks Ranthambhore und Sariska drei weibliche Nachkommen, die sich wiederum fortpflanzten. Zu ihrem Nachwuchs gehören auch Bahadur (T-3), mit knapp 300 Kilogramm Gewicht einer der größten Tiger von Ranthambhore, und die Tigerin Krishna. Sie ist die derzeitige Herrin über das Seengebiet – ein Status, den sich einst ihre Mutter Machli erwarb und über ein Jahrzehnt für sich beanspruchte. Die Tatsache, dass Machli sogar einige ihrer Kinder überlebte, beweist ihre Widerstands- und Anpassungsfähigkeit – sei es im Hinblick auf die Verteidigung ihres Territoriums oder als Raubtier. Machli zählte zu den größten Tigern Ranthambhores. Daher hielten sie Besucher, die sie zum ersten Mal sahen, häufig für eines der wesentlich größeren Männchen. Deutlich von anderen Tigern zu unterscheiden war sie durch die charakteristische fischförmige Fellzeichnung ihres Gesichts. Auch ihre grauen Augen mit dem scharfen, im Alter müde werdenden Blick, waren bis an ihr Lebensende ein typisches Merkmal.

Ich hatte die Ehre, 2013 an einer Initiative beteiligt zu sein, die Machli mit einer Sonderbriefmarke würdigte. Die Feier zu ihrer Veröffentlichung fand unter der Schirmherrschaft des früheren Regierungschefs von Rajasthan, Ashok Gehlot, statt. Das Interesse der Öffentlichkeit an dieser Briefmarke war so überwältigend, dass die Nachfrage wesentlich größer war als das Angebot. Daher gingen viele Gäste, die bei der Feier ein Exemplar der Briefmarke ergattern wollten, leer aus.

Auch wenn Machlis Revier am Ende ihres Lebens nur noch einen Bruchteil ihres einstigen Territoriums umfasste, war die »große alte Dame« immer noch für eine Überraschung gut. So trauten treue Besucher Ranthambhores und Freunde Machlis ihren Augen kaum, als sie ein letztes Mal unter Beweis stellte, warum sie als »Matriarchin von Rantham-

Dieses Foto entstand kurz vor Machlis 20. Geburtstag. In ihrem langen Leben hat sie alles erlebt, was einem Tiger in freier Wildbahn widerfahren kann.

Machli, die »Königin von Ranthambhore«, beobachtet von ihrem Sitzplatz aus ihr Herrschaftsgebiet.

bhore« galt: Sie verließ ihren Rückzugsort im Wald von Lakardah und durchquerte das gesamte Gebiet ihres früheren Territoriums – einschließlich der Seen, der Straßen um die Festung und ihrer einst vertrauten Landschaft. Niemand konnte erklären, warum Machli nach drei Jahren Abwesenheit den Drang verspürte – und in der Lage war –, ihr gesamtes einstiges Territorium zu durchstreifen. In nur einem Tag »inspizierte« sie das ausgedehnte Gebiet und kehrte bis zum darauffolgenden Morgen wieder nach Lakardah zurück.

Ich habe Machli als eine hervorragende Jägerin bei der Beutejagd erlebt, als eine liebevolle – aber auch strenge – Mutter mit ihren Jungen, bei Kämpfen mit Rivalen und als Partnerin der Männchen, mit denen sie ihre vielen Nachkommen zeugte, die heute durch Ranthambhore streifen. Am faszinierendsten war es jedoch, wenn sie einfach nur dasaß und ihren wachsamen Blick über das von ihr beherrschte Territorium schweifen ließ.

Machli war für mich stets mehr als nur ein Tier. Sie symbolisierte Stolz und Macht und war ein herausragendes Beispiel dafür, dass Tiger in den ihnen verfügbaren geschützten Lebensräumen Indiens auch heute noch überleben, sich vermehren und gedeihen können. Ihre Anpassungsfähigkeit machte sie zu einem der außergewöhnlichsten Tiger, die je in unseren Wäldern lebten. Es fällt mir schwer, mir Ranthambhore ohne Machli, die »Mutter des Nationalparks«, vorzustellen. Machli lebt nicht mehr. Aber meine Erinnerung an sie lebt fort, jedes Mal, wenn ich in Ranthambhore bin.

MÜHSAME ARBEIT
Selbst in hohem Alter gelang es Machli, Beute zu schlagen und Beutetiere über weite Entfernungen zu schleppen. Diese Fotoserie wurde an einem Wintertag aufgenommen, als die Autorin beobachtete, wie die große alte Tigerdame ein schweres Beutetier durch die Büsche zog.

Der Chital oder Axishirsch zählt zu den häufigsten Beutetieren von Ranthambhore. Hier säugt ein Muttertier ihr Kitz.

Gegenüber: Affen zeigen die Gegenwart von Raubtieren wie etwa Tigern durch Warnrufe an.

Indem sie Urin absetzen, markieren Tiger ihr Revier.

Gegenüber: Machli, die »Matriarchin von Ranthambhore«, fixiert die Kamera mit ihrem Blick.

Selbst als sie schon sehr betagt war, verlor Machli nie ihre Haltung und Anmut, die sie zu einem der beeindruckendsten Tiger von Ranthambhore machten.

KAPITEL VIER

Sundari – die Schöne

Sundari, eine der schönsten Tigerinnen von Ranthambhore, war eine vielversprechende Nachfolgerin für das Territorium ihrer Mutter Machli.

Bevor Sundari (T-17) im Frühjahr 2013 verschwand, ließ sie sich von allen Tigern Ranthambhores am häufigsten beobachten und zählte zu den bekanntesten Tieren des Nationalparks. Der einhelligen Meinung zum Trotz glaube ich, dass Sundari noch lebt. Auf jeden Fall lebt sie in meinen Gedanken fort, denn sie wird mir stets in Erinnerung bleiben. Als ich gegen Ende meiner letzten Amtsperiode als Ministerin die von Tigern frequentierten Wälder in der Umgebung Ranthambhores – Karauli, Bundi und Jhalawar – besuchte, wartete ich stets darauf, sie dort auftauchen zu sehen.

Sundari, auf Hindi »die Schöne«, war immer schon eine besondere Tigerdame. Sie war eine der drei Schwestern aus Machlis letztem Wurf des Jahres 2006. Sundari war schon als Junges die Mutigste von allen, und sie war der schönste Tiger, den ich je gesehen habe. Selbst als sie noch klein war, folgten ihr ihre Schwestern – manchmal zur Besorgnis ihrer Mutter, die um die Gefahren wusste, die in den Wäldern lauerten. Bisweilen vereitelte Sundari ihrer Mutter Machli schon einmal die Chance auf Beute, wenn sie beim Anpirschen zur falschen Zeit mit flinken Bewegungen aus der Deckung huschte. Jedes Mal, wenn ich ihr auf meinen Streifzügen begegnete, ermöglichte sie mir neue Einblicke in das

Verhalten – insbesondere junger – Tiger in freier Wildbahn. So lehrte mich Sundari immer wieder Neues über ihre Spezies und ihr Leben im Wald.

Ihr dominantes Wesen kam erstmals zum Vorschein, als sie ihre Schwestern nach und nach aus dem Seengebiet von Ranthambhore verdrängte und auch ihre Mutter, die respekteinflößende Tigerin Machli, zu bedrängen begann. 2009 gelang es ihr schließlich, Machli – die »Matriarchin von Ranthambhore« und langjährige Herrscherin der im Seengebiet lebenden Tiger – zu vertreiben. Viele Jahre zuvor hatte schon Machli ihre eigene Mutter an Stärke überragt und das Gebiet um die Seen Padam Talao und Rajbagh zu ihrem Territorium gemacht. Mit Sundari wiederholte sich nun die Geschichte. Innerhalb von nur zwei Jahren dominierte sie den Großteil des einstigen Territoriums ihrer Mutter. Hierzu gehörten u.a. die entlegenen Gebiete um Malik Talao, Tamba Khan und Singh Dwar sowie der Pilgerweg, der vom Haupteingang des Parks zur Festung von Ranthambhore führt. Die Tatsache, dass hier Männchen in ihren besten Jahren wie T-12, Star (T-28), Ustad (T-24) und Zalim (T-25) lebten, ist ein weiterer Beleg für ihre Fähigkeit, in der Tigerhierarchie von Ranthambhore für ausgeglichene Machtverhältnisse zu sorgen.

Kurze Zeit später dominierte Sundari auch das Seengebiet. Da sie nun ein ausgedehntes Revier beherrschte und zu den am häufigsten gesichteten Tigern Ranthambhores zählte, beschloss die Artenschutzbehörde NTCA, sie mit einem Halsband mit Funkchip auszustatten. Den Vorgang, bei dem die Tigerin ruhiggestellt werden musste, beobachtete ich mit gemischten Gefühlen. Während der folgenden beiden Jahre wurden die Streifzüge Sundaris durch ihr Territorium über die Funksignale des Halsbands häufig von einem Jeep aus verfolgt. In dieser Zeit kam sie mit mehreren Männchen in Kontakt, darunter T-12 (später nach Sariska umgesiedelt), Star (T-18) und Zalim (T-25). Trotz aller Paarungsversuche wurde Sundari in dieser Zeit jedoch nicht trächtig.

Sundari war nicht die Erste in ihrer Familie, die ein Halsband mit Funkchip trug. Schon vor ihr erhielt das aus dem vorhergegangenen Wurf stammende Tigermännchen Bahadur (T-3) ein solches Halsband, dessen er sich jedoch später entledigen konnte. Seine Schwester aus demselben Wurf hätte im Kampf um die Seengebiete eine ernsthafte Rivalin für Sundari werden können. Allerdings wurde sie von Ranthambhore in den Sariska-Nationalpark umgesiedelt.

Im Juni 2012, nachdem ihr Halsband einige Monate zuvor entfernt worden war, brachte Sundari drei Junge zur Welt. Mit dieser neuen Generation von Tigern setzte sich Machlis Linie fort. Zwei der drei Jungen waren Männchen, und die junge Mutter schien nur so vor Stolz und Selbstbewusstsein zu strotzen. Vielleicht war es dieser Anlass, der sie dazu bewog, ihr Territorium zu vergrößern. Im Winter

Sundari als Muttertier mit einem ihrer drei Jungen aus ihrem einzigen Wurf

2012, als ihre Jungen etwa sieben Monate alt waren, geriet Sundari dabei jedoch in einen Kampf mit ihrer Schwester Krishna, die zu diesem Zeitpunkt ebenfalls Junge hatte. Dabei wurde Sundari schwer verletzt, was sie in der Folgezeit trotz aller Bemühungen der Forstbehörde schwer beeinträchtigte. Es fällt mir schwer, über diese Zeit mit sachlicher Distanziertheit zu berichten, in der das junge Familienoberhaupt mit der Versorgung seiner Jungen schwer zu kämpfen hatte. Sundari wurde von da an immer seltener gesichtet, bis sie schließlich wahrscheinlich friedlich starb. Zu meinen liebsten Erinnerungen zählt, wie Sundari als Mutter und dominante Tigerin ihre Jungen entlang der Wege von Ranthambhore führte, während sie die Seen und Schluchten ihres Territoriums durchstreifte. Ihre Jungen, die heute als gesunde Jungtiere im Kachidah-Tal leben, sind eine bleibende Erinnerung an diese majestätische, schöne Tigerin. Und wie ich schon eingangs erwähnte: Für mich lebt Sundari auch heute noch weiter.

Ranthambhore gilt als einer der besten Orte der Welt, um Tiger in freier Wildbahn zu beobachten. Fahrzeuge müssen auf den Wegen bleiben und einen Sicherheitsabstand zu den Tieren einhalten. Die Tiger fühlen sich durch sie nicht bedroht und nutzen sie häufig als Deckung, während sie sich an ihre Beute heranschleichen.

Sundari an einem der berühmten Banyanbäume von Jogi Mahal

Indem sie ihre Krallen an einem Baum wetzt, markiert die Tigerin an den Seen ihr Territorium.

Gegenüber: Sundari entspannt sich im Schatten eines steinernen Pavillons. Ranthambhore ist einer der wenigen Orte weltweit, an dem Wildtiere historische Denkmäler in Beschlag genommen haben.

Sundari streift gelassen durch Jogi Mahal, unberührt von den Blicken der etwas nervösen Waldhüter.

DIE ZEIT DES WERBENS

Sundari wurde von mehreren Tigermännchen Ranthambhores umworben, darunter Star und Zalim. Hier nähert sich Sundari Zalim, während dieser sich rekelt, und die beiden beginnen ihr spielerisches Paarungsritual.

Die Wälder von Ranthambhore beherbergen über 50 Arten von Säugetieren und Reptilien. Knapp 300 Vogelarten besuchen Ranthambhore jährlich.
Von oben nach unten: Halsband-Zwergohreule, ein radschlagender Pfau und eine Indische Sternschildkröte

Sundari mit ihrem ersten (und einzigen) Wurf, bestehend aus drei Jungtieren – zwei Männchen und einem Weibchen –, die allesamt überlebt haben.

SUNDARI AM BRUNNEN
Sundari tritt aus den Ruinen eines der Stufenbrunnen (»Baori«) hervor, die sich im Nationalpark befinden.

Sundari führt ihren Nachwuchs im Hochsommer über den Rajbagh-See.

GROSSER AUFRUHR
Sundaris plötzliches Auftauchen versetzt eine Herde
von Sambarhirschen am Rajbagh-See in Aufruhr.

Die Mutter versorgt ihre Jungen mit einem frisch geschlagenen Axishirsch.

Der Nachwuchs wird stets im Blick behalten.

Seiten 112–113: Obwohl Sundari erst spät im Leben Mutter wurde, erwies sie sich bei der Aufzucht ihrer Jungen als ein Naturtalent.

Oben und gegenüber: Sundari mit ihren Jungen. Diese Bilder zeigen, wie vorsichtig und liebevoll Tigerinnen mit ihrem Nachwuchs umgehen und wie viel Sorge und Schutz sie ihnen angedeihen lassen.

ENDLICH FREI

Die Forst- und Umweltministerin Bina Kak war erleichtert, als Sundari ihr Senderhalsband abgenommen wurde. Ein solches Halsband erhalten Tiger, um ihre Bewegungen verfolgen zu können. Meist geschieht dies bei Großkatzen im Rahmen von wissenschaftlichen Studien.

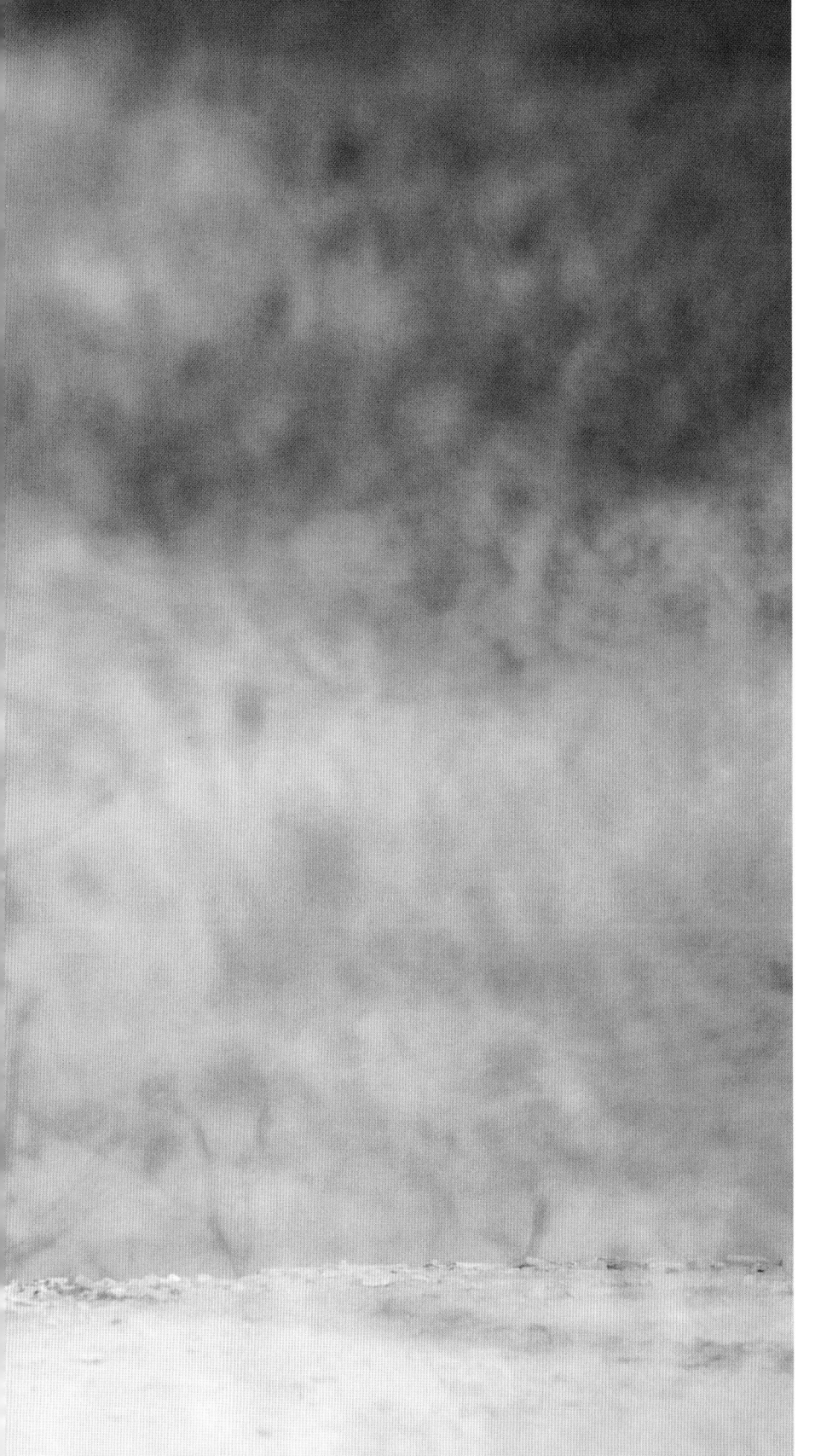

Wie viele Tiger nutzt Sundari die staubigen Straßen, die quer durch den Park verlaufen, für ihre Patrouillen durch ihr Revier.

KAPITEL FÜNF

Husn-ara und ihre Familie

Seiten 122–127: Im Sommer werden die künstlich angelegten Wasserlöcher in einigen Bereichen Ranthambhores für die Tiere mit Wasser gefüllt. Husn-ara und ihre Jungen machen ausgiebig davon Gebrauch.

Aam Chowki ist ein entlegener Teil des Ranthambhore-Nationalparks. In seiner Umgebung, unmittelbar außerhalb der Parkgrenze in Richtung Khandar, befinden sich mehrere Dörfer. Das Gebiet ist von ausgetrockneten Flussläufen durchzogen und in weiten Teilen von dornigen Mesquite-Pflanzen überwuchert, was es nur schwer zugänglich macht. Große Bienennester hängen über künstlich angelegten Wasserlöchern in den mächtigen Feigenbäumen, und das Aravalligebirge, das sich im Nationalpark erstreckt, ist von zahlreichen Schluchten und Hügeln durchzogen.

Die Gegend ist von einer vielfältigen Flora und Fauna geprägt und im offenen Gelände lassen sich einige der seltensten Arten des Nationalparks – wie Lippenbären, Hyänen, Schakale und Honigdachse – entdecken. Uneingeschränkter Herrscher dieses Gebiets ist Bahadur (T-3), der letztgeborene Sohn Machlis, der Jhumroo, einen der größten Tiger von Ranthambhore, aus seinem Revier verdrängt hat. In der Vergangenheit wurde das Gebiet von zwei Tigerinnen dominiert: Jed Kho und Husn-ara (T-30). Als ich Husn-ara das erste Mal sah, war sie gerade Mutter dreier Jungtiere geworden – zweier Weibchen und eines Männchens. Uns war sofort klar, dass Bahadur ihr Vater war, da er sich ständig in der Nähe Husn-aras und ihres Nachwuchses aufhielt. Die wenigen Besucher dieses schlecht erschlossenen Gebiets konnten die fünf Mitglieder der Tigerfamilie oftmals in einträchtiger Gemeinschaft beobachten.

Husn-ara, deren Name wörtlich übersetzt »Inbegriff der Schönheit« bedeutet, war eine schlanke, wendige Tigerin, der es gelang, ihren Nachwuchs trotz vieler Widrigkeiten großzuziehen. Zwar verletzte sie sich häufig an den Dornen der Mesquite-Pflanzen, doch stets erholte sie sich von ihren Blessuren. Für mich war sie nicht nur aufgrund ihrer augenscheinlichen Schönheit ein besonderes Tier, sondern auch, weil sie ihre drei Jungen mit großer Beharrlichkeit aufzog. Durch das Aam-Chowki-Gebiet, das an das stärker bewaldete Lahpur-Tal grenzt, streifen zwar häufig Raubtiere, dennoch ist die Beutedichte hier eher gering. Und wegen der Nähe zu menschlichen Siedlungen kommen bisweilen Dorfbewohner in das Gebiet, um Fallholz zu sammeln oder Bäume zu fällen. Allen Widrigkeiten zum Trotz ist es Husn-ara erfolgreich gelungen, ihre Familie großzuziehen. Dass die Anwesenheit ihres Partners Bahadur Raubtiere – einschließlich anderer Tiger – fernhielt, zeugt zudem von ihrer gut funktionierenden Partnerschaft. Dennoch fiel die Hauptlast bei der Aufzucht der Jungen Husn-ara zu. Inzwischen sind sie – wie so viele vor ihnen in Ranthambhore – zu selbstständigen Tieren herangewachsen und gehen ihrer eigenen Wege.

Als ich die Jungen zum ersten Mal sah, waren sie knapp zwei Monate alt und wurden von ihrer sie schützenden Mutter vor neugierigen Blicken abgeschirmt. So konnte man sich in der ersten Zeit glücklich schätzen, wenn man nur einen kurzen Blick auf sie erhaschen konnte. Tigerjunge bleiben zwei Jahre – manchmal auch länger – bei ihrer Mutter. In dieser Zeit war Husn-ara sehr auf die Sicherheit ihres Nachwuchses bedacht und achtete sorgsam darauf, dass er so nah wie möglich bei ihr blieb. Wenn man die staubigen Straßen entlangfuhr, erblickte man sie manchmal unvermittelt hinter einer Kurve. Dicht aneinandergeschmiegt saßen sie in einem Wasserloch, als würden sie die Besucher erwarten. Es war stets eine Überraschung, wenn man sie nicht an einem ihrer üblichen Lieblingsplätze fand. Ohne Vorwarnung erschienen dann ein oder zwei, manchmal auch alle fünf Mitglieder der Familie im Dickicht oder am Straßenrand, wobei sich der Vater meist rarmachte.

Mit rund zehn Jahren ist Bahadur heute einer der größten Tiger von Ranthambhore, wenn nicht gar der größte. Sein Leben begann er unter den Fittichen seiner Mutter, der großen Tigerdame Machli. Nachdem er lange das Seengebiet bis nach Lakardah durchstreift hatte, erreichte er das Gebiet von Aam Chowki und Thumka. Ich hatte ihn schon als Junges beobachtet und ihn nun als Vatertier in Begleitung seiner jungen Familie zu sehen, war für mich ein besonderes Erlebnis.

Leider starb Husn-ara am 21. Juni 2016. Meine Bilder sind jedoch eine bleibende Erinnerung an ihr Leben und erzählen mehr über Husn-ara, ihren Partner und ihre Familie, als ich mit Worten auszudrücken vermag.

Im zarten Alter von vier bis fünf Monaten sind die kleinen Tigerjungen noch sehr verspielt. Als eines der Jungen ihre Aufmerksamkeit sucht, geht Husn-ara liebevoll darauf ein. Tigerjunge wachsen sehr schnell. Im Alter von 15 Monaten sind sie so groß wie ihre Mütter.

Gegenüber: Beim Dösen gestört, zeigt sich Bahadur gereizt.

Husn-aras Nachwuchs ist herangewachsen und die Tigerfamilie erfrischt sich in einem Wasserloch.

KAPITEL SECHS

Krishna – die Nomadin

Gegenüber: Vor der beeindruckenden Kulisse der Festung Ranthambhore durchstreift Krishna ihr Territorium.

Krishna (T-19), die Sanftmütige, zählte zu den Jungen aus Machlis letztem Wurf. Folgsam verbrachte sie ihre gesamte Kindheit in der Nähe ihrer Mutter und ihrer Schwestern in dem Gebiet rund um die berühmten Seen und die Festung Ranthambhore. Früher als ihre Schwestern war sie selbstständig, wurde dann jedoch von ihrer Schwester Sundari (T-17) aus dem Seengebiet verdrängt. Während ihre andere Schwester (T-18) 2009 in das Tigerreservat des Sariska-Nationalparks umgesiedelt wurde, zog sich Krishna in die hügeligen Gebiete auf der Ostseite des Sees in Lahpur zurück.

Nachdem sie im Lahpur-Tal sesshaft geworden war, wurde Krishna trächtig und brachte 2011 drei Junge – zwei Männchen und ein Weibchen – zur Welt. Da sie jedoch sehr scheu war, wurde sie mit ihren Jungen nur selten gesichtet. Ihre Schwester Sundari brachte ein Jahr später ebenfalls drei Junge zur Welt. Zu dieser Zeit machte sich Krishna mit ihrem mittlerweile einjährigen Nachwuchs auf den Weg ins Seengebiet. In einem Kampf mit Krishna trug Sundari eine schwere Verletzung am rechten Vorderfuß davon und trat den Rückzug an.

Nach weiteren Revierkämpfen blieb Sundari den Seen schließlich fern. Aus Sorge um die Sicherheit ihrer Jungen verlegte Sundari 2012 ihr Territorium und zog mit ihren drei Jungen ins 5 Kilometer entfernte Kachidah-Gebiet. Krishna wurde daraufhin in ihrer alten Heimat sesshaft und übernahm das von ihrer Schwester verlassene Territorium.

Im Seengebiet, wo Krishna ihre drei Jungen – Suraj, Aakash und Chanda – aufzog, entwickelte sich die junge Familie prächtig. Ihr Territorium dehnte sie bis ins inzwischen für Touristen gesperrte Gebiet um Lahpur aus, um ihren Jungen einen größeren Lebensraum zu bieten. Ihre Jungen wuchsen heran und verließen ihre Mutter 2013, um ihre eigenen Territorien abzustecken.

Im März 2014 wurde Krishna mit ihrem zweiten Wurf beobachtet. Nach einer weiteren Sichtung im Sommer wurde die anfänglich angenommene Zahl der Jungen von drei auf vier korrigiert. Allerdings verlor sie ein Junges, das wahrscheinlich einem Krokodil zum Opfer fiel. Nachdem sie fast drei Tage lang nach dem vermissten Jungen Ausschau gehalten und nach ihm gerufen hatte, gab sie die Suche auf. Von da an widmete sie sich mit größter Aufmerksamkeit den verbliebenen drei Jungen. Hierbei handelte es sich um zwei Weibchen namens Arrowhead und Bijlee und ein Männchen namens Pacman. Nachdem diese herangewachsen waren, suchte Arrowhead die Auseinandersetzung mit Bijlee (»Blitz«) und vertrieb sie aus dem Seengebiet um Padam Talao und Rajbagh. Diese ließ sich daraufhin am Malik-Talao-See nieder. Nun war es für Arrowhead an der Zeit, ihre Mutter Krishna herauszufordern. Nach kurzen Revierkämpfen verließ Krishna das einst von ihr eroberte Seengebiet und zog sich – wie zuvor schon ihre Mutter Machli – ins Lakardah-Tal zurück. Der männliche Jungtiger, Pacman, war zunächst bei seiner Schwester Arrowhead geblieben. Nachdem diese jedoch die Geschlechtsreife erreicht hatte und begann, junge Männchen anzuziehen, musste auch er das Seengebiet verlassen und sich ein eigenes Revier in den Wäldern Ranthambhores suchen.

Ihre Mutter Krishna hingegen hat mittlerweile ihr Revier von Lakardah bis in die Wälder von Bakhaula und Semli ausgedehnt. Ihr aktuelles Territorium ist größer als das aller anderen Tiger im Park. Die Gebiete um die Seen Padam Talao und Rajbagh – heute das Revier ihrer Tochter Arrowhead – meidet sie jedoch vollständig. Ihr einstiger Partner Star (T-28) ist inzwischen alt geworden und musste ebenfalls jüngeren Konkurrenten weichen. Er verließ das Seengebiet, das er ab 2008 beherrscht hatte, und zog nach Lakardah, wo er in Gesellschaft von Krishna lebt. Krishna wurde erneut trächtig und zeigte sich den Besuchern nur selten. Nachdem sie die Tigerin Laila (T-41) aus dem Gebiet um Semli verdrängt hat, hat sie in diesem herrlichen Teil des Ranthambhore-Nationalparks die alleinige Vorherrschaft übernommen.

Kürzlich wurde Krishna mit vier neuen Jungen – ihrem dritten Wurf – gesichtet. Wir hoffen, dass sie mit dem Rekord ihrer berühmten Mutter gleichziehen und in ihrer Lebensphase als zeugungsfähige Tigerin insgesamt neun Junge großziehen wird.

Seiten 135–137: Wie alle Tigerinnen ist Krishna eine umsorgende Mutter. Die drei Jungen ihres ersten Wurfs, die sie in das Seenterritorium geführt hatte, sind inzwischen in die angrenzenden Gebiete weitergezogen.

Überall im Nationalpark Ranthambhore finden sich Baudenkmäler aus dem 9. Jahrhundert n. Chr.

Krishna lässt ihren Blick über das ausgedehnte Gebiet des Ranthambhore-Nationalparks schweifen.

Tiger sind gute Schwimmer. Bisweilen überspringen sie jedoch auf der Jagd Wasserläufe, damit ihre Pfoten trocken bleiben.

Im Hinterhalt lauert der Tiger auf seine Beute. Dabei ist er so gut getarnt, dass er mit bloßem Auge kaum zu erkennen ist. Dieser Tiger wägt seine Chancen ab, einen Axishirsch zu erbeuten. Durchschnittlich ist jeder neunte Versuch von Erfolg gekrönt.

Indische Sumpfkrokodile sind eine ernste Bedrohung und Konkurrenz für Tiger, da auch sie Sambar- und Axishirsche jagen.

Krishna durchstreift ihr Territorium. Tiger tun dies regelmäßig, um ihr Revier vor anderen Raubtieren zu schützen und auf die Jagd zu gehen.

Die Tiger von Ranthambhore, allen voran Krishna, gehören zu den beeindruckendsten Lebewesen unseres Planeten.

Gegenüber: Krishna mit ihren Jungen

Krishnas Nachwuchs folgt seiner Mutter bei ihren Streifzügen durch ihr Revier. Die Jungen werden bald lernen, ihr Gebiet zu markieren und die Gerüche anderer Tiere zu erkennen.

Krishna führt ihre Jungen durch ihr Territorium.

Um ihre Krallen kräftig und sauber zu halten, wetzen Tiger sie an Bäumen, wobei sie gleichzeitig Duftmarken hinterlassen.

Gegenüber: Pacman, der männliche Jungtiger aus Krishnas zweitem Wurf, verfolgt einen Axishirsch.

Arrowhead ist das dominante Weibchen aus Krishnas zweitem Wurf. Sie wird später das beliebte Seengebiet, das einst ihre Mutter beherrschte, als ihr eigenes Territorium beanspruchen.

Mit ihrem aus zwei Männchen bestehenden zweiten Wurf sucht Noor an einem heißen Nachmittag an einem Wasserlauf Erfrischung.

Die einstige Königsresidenz Rajbagh wird heute von Tigern beherrscht. Mit reichlich Wasser und hohen Gräsern ist das Seengebiet einer der Lieblingsorte der Tiger.

Oben und gegenüber: Krishna und ihr aus drei Jungtieren bestehender zweiter Wurf begegnen der Hitze mit einem Bad in einem Wasserloch.

KAPITEL SIEBEN

Tigermütter und Co.

Gegenüber: Malika ruht sich im Wasser aus, während ihr Junges ein Sonnenbad nimmt.

Die in diesem Buch beschriebenen Tigerfamilien sind nur einige der vielen, die die Tigerpopulation Ranthambhores bilden. Die meisten Gebiete, in denen die hier vorgestellten Tiger leben, sind den Besuchern des Ranthambhore-Nationalparks problemlos zugänglich. Doch es gibt auch viele Tiger, die seltener gesichtet werden. In meiner Eigenschaft als Forst- und Umweltministerin der Regierung von Rajasthan hatte ich das Glück, Tiger und auch andere Wildtiere beobachten zu können, die sich in unseren Wäldern nur selten zeigen – ein Privileg, das mir vornehmlich im Rahmen meiner Arbeit zuteilwurde.

Dieses Kapitel enthält Fotos von Tigern und Tigerfamilien, die in den abgelegenen Bereichen des Parks leben und weniger bekannt sind. Hierzu gehören z. B. Malika, die scheue, zurückgezogen lebende Tigerin des Darrah-Gebiets, und ihre Jungen, die sie mit ihrem »Chiroli-Männchen« genannten Partner zeugte. Weitere Bilder zeigen das zurückhaltende Weibchen Jed Kho mit ihrer Familie, die ich nur einige Male zu sehen bekam. Auch vom »Chiroli-Weibchen« und von meinen Lieblingstigern – den beiden verwaisten Jungen der Tigerin Kachidah (T-5), die von ihrem Vater Zalim (T-25) großgezogen wurden – gibt es Aufnahmen.

Nach dem Tod ihrer Mutter sorgten die beiden verwaisten weiblichen Jungtiere (T-52 und T-53) bei der Forstbehörde und treuen Begleitern von Ranthambhore für schlaflose Nächte, in denen sie für ihr Überleben beteten. Ich kümmerte mich so

Der Jungtiger Bina 1 auf einem Streifzug

Gegenüber: In Erwartung seiner Mutter entspannt sich eines von Krishnas Jungen am Wasser.

intensiv um ihr Wohlergehen, dass die Forstmitarbeiter die beiden inoffiziell Bina 1 und Bina 2 tauften. Die Fotostrecke, die ihren Überlebenswillen dokumentiert, erzählt davon, wie Tiger natürlichen Widrigkeiten wie dem frühen Tod der Mutter trotzen. Beide Tigermädchen wurden schließlich in das Tigerreservat des Sariska-Nationalparks umgesiedelt, wo sie sich prächtig entwickelten. Eines davon hat dort sogar einen Partner gefunden. Als Ministerin habe ich es mir zur Aufgabe gemacht, über ihr Wohlergehen zu wachen und zu beweisen, dass sich Tiger von lebensbedrohlichen Rückschlägen erholen können, wenn man ihnen nur die entsprechende Aufmerksamkeit schenkt.

Tiger stehen an der Spitze unseres Ökosystems. Solange sie hier leben, überleben auch alle anderen Spezies in ihren Territorien. Dennoch dürfen wir nicht die unglaubliche Vielfalt all der anderen beeindruckenden Wildtiere in unseren Wäldern – insbesondere auch in Ranthambhore – vergessen. Daher enthält dieses Buch auch viele Abbildungen anderer Tiere im Ranthambhore-Nationalpark, der eine bemerkenswerte Vielfalt an Vögeln, Säugetieren, Reptilien, Insekten und Pflanzen beherbergt.

Nicht zu vergessen die prächtige Landschaft des Nationalparks und die mit ihr verbundene Geschichte. Hierzu gehört z. B. die erhabene Festung von Ranthambhore, die dank der Bemühungen der Regierung, der ich angehörte, von der UNESCO zum Weltkulturerbe erklärt wurde. Die Gesamtheit all dieser Facetten und Besonderheiten macht Ranthambhore zu etwas Besonderem – zu einem Ort, dessen ganze Magie nur diejenigen ermessen können, die den Nationalpark selbst besucht haben.

TIERÄRZTLICHE BEHANDLUNG

Wildtiere werden nur in äußersten Notfällen tierärztlich versorgt. So erhielt z. B. Kachidah eine ärztliche Behandlung, als sie noch ihre beiden Jungen säugte. Sie litt unter einem Darmverschluss, was bei Fleischfressern häufig vorkommt.

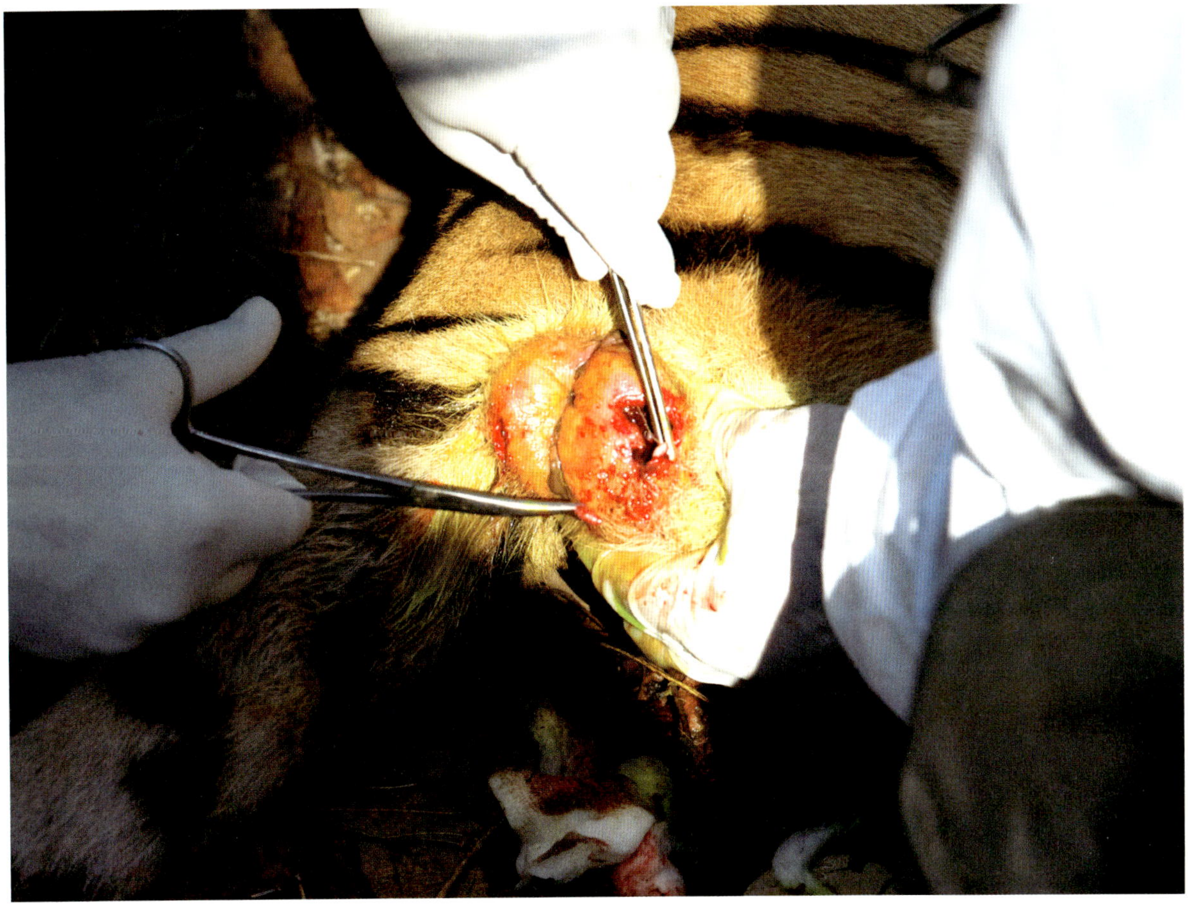

Nachdem wir sie erfolgreich wegen eines Wurmbefalls behandelt haben, blickt uns Kachidah an, als würde sie uns still für unsere Hilfe danken wollen.

Bina 1 und 2 wurden inzwischen in den Sariska-Nationalpark umgesiedelt, wo sie prächtig gedeihen.

Zalim lässt eines seiner Jungen seinen Unmut spüren.

Bina 2 betrachtet die Besucher.

Gegenüber: Bina 1 schnappte sich den Hut der Autorin, nachdem diese ihn verloren hatte. Nachdem sie eine Weile damit gespielt hat, ließ sie ihn wieder aus ihren Fängen.

Malika mit ihren beiden Jungen. Das scheue Weibchen aus dem Gebiet Anantpura lebt in einem Bereich des Nationalparks, der Besuchern nicht zugänglich ist.

Von dieser großen Nilgauantilope können Krishna und ihre Jungen fast eine Woche lang zehren.

Gegenüber: Krishna und ihre Familie – ein typischer Tag im Leben eines Tigers

Oben und gegenüber: Behände und leise springt Aakash über einen Wasserlauf, damit seine Beute ihn nicht bemerkt.

Raufereien unter Geschwistern dienen dem Training ihrer Jagd- und Kampffertigkeiten.

Noor ruht sich unter einem Banyanbaum aus, während ihr Junges Sultan gelangweilt gähnt.

Vor der Kulisse der prächtigen architektonischen Zeugnisse der Vergangenheit sucht Sundari ihre Umgebung wachsam ab.

Bei ihrem Tod hinterließ Kachidah zwei Junge, die von ihrem Vater Zalim großgezogen wurden. Die beiden Jungtiere erhielten von den Forstmitarbeitern die Spitznamen Bina 1 und Bina 2.

Wie viele Tiger sind hier zu sehen?

Vier! Auf den ersten Blick erkennt man nur drei Tiere. Erst bei genauerem Hinsehen kann man auch den vierten Tiger entdecken.

Die Originalausgabe erschien 2017 unter dem Titel
Silent Sentinels of Ranthambhore bei
Roli Books

M-75, Greater Kailash 2 Market
New Delhi
110048

www.rolibooks.com

Copyright © 2017 Roli Books

Aus dem Englischen von Hannelore Schatz

1. Auflage 2020
Deutsche Ausgabe Copyright © 2020 Gerstenberg Verlag, Hildesheim
Alle Rechte vorbehalten
Redaktion und Satz: twinbooks, München

Printed in Slovenia

www.gerstenberg-verlag.de
ISBN 978-3-8369-2168-8